Rohit Chauhan
Muhammad Shaharyar
Arshia Berry

Um polímero para substituir as ligas de alumínio e magnésio

Rohit Chauhan
Muhammad Shaharyar
Arshia Berry

Um polímero para substituir as ligas de alumínio e magnésio

ScienciaScripts

Imprint

Any brand names and product names mentioned in this book are subject to trademark, brand or patent protection and are trademarks or registered trademarks of their respective holders. The use of brand names, product names, common names, trade names, product descriptions etc. even without a particular marking in this work is in no way to be construed to mean that such names may be regarded as unrestricted in respect of trademark and brand protection legislation and could thus be used by anyone.

Cover image: www.ingimage.com

This book is a translation from the original published under ISBN 978-620-2-07799-6.

Publisher:
Sciencia Scripts
is a trademark of
Dodo Books Indian Ocean Ltd. and OmniScriptum S.R.L publishing group

120 High Road, East Finchley, London, N2 9ED, United Kingdom
Str. Armeneasca 28/1, office 1, Chisinau MD-2012, Republic of Moldova, Europe
Printed at: see last page
ISBN: 978-620-7-97380-4

Índice

Resumo

Neste relatório, foi efectuada uma investigação para encontrar um polímero adequado para substituir as ligas de alumínio e magnésio fundidas sob pressão. Como estas ligas têm uma resistência e durabilidade muito boas, é importante que a resistência à tração e o módulo de Young deste polímero sejam semelhantes aos das ligas metálicas. Para além disso, o polímero deve manter esta resistência no intervalo de temperatura de -40°C a 100°C. Além disso, a baixa densidade, os baixos custos e a fácil produção são importantes na seleção de um polímero. As propriedades de seis polímeros foram comparadas com as propriedades médias de onze ligas de alumínio e sete ligas de magnésio para encontrar um substituto adequado. Os compósitos com enchimento de vidro dos quatro polímeros mais adequados, poliéter-éter-cetona (PEEK), politereftalato de etileno (PET), poliamida 6,6 (PA66) e poliftalamida (PPA), foram comparados e concluiu-se que o PPA com enchimento de vidro a 60% (60 GF) apresentava a melhor combinação de boas propriedades e baixos custos.

A resistência química e à fluência foi considerada mais do que suficiente para este polímero e o processamento deste polímero é possível utilizando a moldagem por injeção. No entanto, a resistência ao impacto e o módulo de Young são bastante baixos e a temperatura de fusão é bastante elevada, o que torna o processamento um pouco mais difícil.

O mercado de PPA foi estudado e foi demonstrado que o mercado é significativo e continua a crescer, tornando-o um polímero muito promissor. Além disso, os custos deste polímero não são muito elevados. Em conclusão, o PPA é um polímero muito promissor para a substituição de ligas de alumínio e magnésio fundidas sob pressão.

Capítulo 1. Introdução

Na indústria automóvel, é utilizado muito metal nas peças dos automóveis. Como alguns metais não são muito baratos e o seu fornecimento não é ilimitado, está a ser feita muita investigação sobre a substituição destas peças metálicas. Na maioria das vezes, a solução é encontrada sob a forma de um polímero.

Nesta tarefa, o objetivo é encontrar um polímero que seja adequado para substituir as ligas de alumínio e magnésio fundidas sob pressão. Uma vez que os metais têm uma resistência e durabilidade muito boas, esta é frequentemente uma tarefa difícil. Muitos polímeros não possuem resistência suficiente para serem utilizados diretamente como peças de automóveis. Por conseguinte, nestas situações, são frequentemente utilizados compósitos de polímeros, polímeros reticulados ou polímeros tratados de outra forma.

As ligas de alumínio e magnésio fundidas sob pressão são importantes em muitas aplicações diferentes e muitas ligas diferentes estão disponíveis comercialmente. De facto, o mercado da fundição injetada valia mais de 55 mil milhões de dólares em 2015 e continua a crescer rapidamente. O mercado das ligas de magnésio, especificamente, está a crescer rapidamente; espera-se um crescimento de aproximadamente 10% nos próximos 5 anos. Isto deve-se ao facto de o magnésio ser uma liga leve e, por isso, muito interessante em aplicações em que o peso é importante, como é o caso dos automóveis. O mercado das ligas de alumínio é atualmente maior do que o mercado das ligas de magnésio, mas já não está a crescer tão fortemente como o mercado das ligas de magnésio, pelo que esta situação poderá alterar-se nos próximos anos.

Como já foi referido, os metais são bastante caros, sobretudo metais como o magnésio. Para além disso, a maioria dos metais é bastante pesada. Estas são duas das razões pelas quais os polímeros são interessantes como substitutos destes metais, uma vez que são baratos e leves. Além disso, os polímeros têm frequentemente uma boa resistência à fluência e aos produtos químicos.

Neste relatório, será investigada a substituição das ligas de fundição injetada mencionadas por polímeros. Em primeiro lugar, será discutido o processo atual de fundição sob pressão e as ligas de fundição sob pressão atualmente disponíveis. As suas propriedades serão utilizadas para definir os requisitos para o polímero a ser concebido. Utilizando uma árvore de objectivos, uma análise do fluxo do produto e uma casa da qualidade, serão determinados os requisitos para o novo produto. Serão discutidas diferentes possibilidades, e a produção e o mercado do polímero escolhido serão amplamente discutidos.

Capítulo 2. Ligas metálicas

A fundição injectada é um processo de produção que é utilizado para produzir películas finas de metais adequadas para produzir, entre outras, peças de automóveis e outras aplicações móveis. Neste processo, é utilizada uma matriz ou molde para moldar o metal. O metal ou liga metálica a fundir é derretido e injetado no molde a alta temperatura e pressão. Após a injeção, o molde é arrefecido muito rapidamente até que o metal se torne sólido e suficientemente duro para que a forma já não possa ser alterada.

É muito importante utilizar materiais de alta qualidade neste processo, uma vez que os metais só derretem a temperaturas muito elevadas e, por conseguinte, o molde deve ser capaz de suportar temperaturas que a maioria dos metais não consegue suportar. Muitas vezes, é utilizado aço tratado termicamente, uma vez que tem a dureza correta e pode ser moldado corretamente durante a sua produção. Quanto mais complexa for a forma a fundir, mais complexa é a produção do molde e mais cara se torna a produção do molde. Na Figura 1 é apresentado um exemplo de um molde.

Figura 1: Molde para fundição injectada

Uma vez que os metais têm de ser fundidos, este processo consome muita energia, o que o torna mais dispendioso. No entanto, permite produzir produtos com dimensões muito precisas. Além disso, muitas propriedades importantes podem ser definidas utilizando a fundição injectada, como a espessura, a forma e a qualidade do material fundido.

Existem muitos tipos diferentes de ligas de alumínio comerciais disponíveis. As mais comuns foram utilizadas para a avaliação das propriedades das ligas de alumínio e magnésio fundidas sob pressão. Foram utilizadas 11 ligas comerciais, nomeadamente: 360, A360, 380, A380, 383, 384, B390, 13, A13, 43 e 218. As ligas indicadas pelo mesmo número, mas referidas com ou sem A, são consideradas muito semelhantes, mas diferem nalguns dos constituintes menores. A composição exacta de cada uma destas ligas é apresentada no apêndice B. Além disso, as propriedades físicas mais importantes, especialmente as que se referem à resistência das ligas, também podem ser encontradas nesse apêndice.

O alumínio é um metal com uma densidade de aproximadamente 2,7 g/cm^3 e, por conseguinte, também as ligas têm uma densidade próxima deste valor. Embora este valor seja bastante baixo para um metal, não é um material muito leve, e esta é uma das razões pelas quais estão a ser pesquisadas alternativas para estas ligas. Os constituintes mais importantes das ligas de alumínio são, para além do alumínio, o silício, o cobre, o magnésio, o ferro, o manganésio e o zinco. O alumínio tem um grande número de aplicações no mercado das ligas. Alguns exemplos de peças em liga de alumínio fundido sob pressão são apresentados na Figura 2.

Figura 2: Exemplos de peças fundidas sob pressão feitas de ligas de alumínio

A liga A380 tem atualmente o maior mercado, uma vez que as suas propriedades a tornam muito adequada para uma vasta gama de aplicações. Para além disso, é muito fácil produzir esta liga. Como já foi referido, a liga 380 é muito semelhante ao A380 no que respeita aos seus constituintes e propriedades. As ligas A360 e 360 têm melhor resistência à corrosão e melhor resistência a temperaturas muito elevadas do que estas duas ligas. No entanto, são mais difíceis de fundir sob pressão e, por conseguinte, menos utilizadas. As ligas A13 e 13 têm uma excelente estanquidade à pressão, pelo que são muito adequadas para aplicações em cilindros hidráulicos e recipientes sob pressão. As ligas 383 e 384 são utilizadas especialmente para componentes complexos e mais difíceis de fundir sob pressão, uma vez que são as ligas mais adequadas para a fundição sob pressão. O 43 é uma liga mais complexa utilizada principalmente em aplicações marítimas e o B390 é utilizado principalmente nos blocos de motor dos automóveis, uma vez que é altamente resistente ao desgaste. 218 tem a melhor resistência e ductilidade e a sua resistência à corrosão é óptima, mas é muito difícil de fundir e, por isso, não é muito utilizada.

As ligas de alumínio fundido sob pressão são frequentemente tratadas após a fundição sob pressão com diferentes tratamentos de superfície. Isto pode ser feito para decoração, proteção contra efeitos ambientais ou para melhorar a sua resistência ao desgaste. A decoração pode ser feita de várias formas, tais como pintura, revestimento em pó, acabamento em epóxi ou polimento ou por processamento eletroquímico. A pintura também pode ajudar a proteger a liga contra as condições ambientais, tal como os revestimentos de iridite, mas isto também pode ser feito por anodização ou cromagem da liga. A anodização dura é a única forma de melhorar a resistência ao desgaste.

Ligas de magnésio

O mercado de ligas de magnésio está a crescer devido à baixa densidade do magnésio, que é de 1,74 g/cm^3 . As ligas fundidas sob pressão deste metal são utilizadas em muitas aplicações domésticas, como aspiradores, projectores e câmaras, mas também são muito utilizadas em peças para a indústria automóvel e informática. Este facto torna-o o metal mais leve utilizado em grande escala comercial. No entanto, devido ao facto de o magnésio não ter sido tão utilizado como o alumínio nas últimas décadas, existem menos ligas disponíveis para este metal. As ligas mais importantes do ponto de vista comercial são AZ91B, AZ91D, AZ81, AM60A, AM60B, AM50, AE42, AS41A, AS41B e AM20. A composição e as propriedades físicas destas ligas podem ser consultadas no apêndice C.

As mais fortes destas ligas são a AZ91D e a AZ81. O AZ91D tem um elevado grau de pureza, boa resistência à corrosão e é bastante fácil de utilizar na fundição injetada, pelo que é a liga de magnésio mais utilizada. O AZ81 é muito menos utilizado devido às suas propriedades semelhantes às do AZ91D, mas é menos fácil de utilizar na fundição injectada. O AM50A e o AM20 são principalmente interessantes devido à sua resistência. Apresentam boa tenacidade e alongamento, elevada resistência ao impacto e boa resistência à corrosão. O AS41B e o AE42 têm sobretudo uma boa resistência à fluência e à corrosão, uma elevada ductilidade e uma boa resistência mesmo a temperaturas elevadas.

Além disso, as ligas de magnésio são frequentemente tratadas após a fundição sob pressão para decoração e proteção química. A proteção ambiental não é necessária para esta liga. Tinta, cromato e fosfato

O revestimento, bem como a galvanização, são utilizados como acabamentos decorativos. O tratamento químico, a pintura e a anodização podem ser utilizados para evitar a corrosão e o embaciamento, e a resistência ao desgaste pode ser melhorada mais uma vez por anodização dura, mas também por cromagem dura.

Sustentabilidade

As ligas metálicas constituem um mercado muito vasto, o que significa que a reciclagem destes metais também é objeto de grande atenção. Os metais são fortes e duradouros e, por isso, mantêm-se em bom estado durante muito tempo, o que torna esta reciclagem muito interessante. Para além disso, a maioria das ligas de fundição sob pressão disponíveis no mercado são facilmente recicladas e não são perigosas para o ambiente.

No entanto, o problema é que nem todos estes metais são reciclados. Por exemplo, o alumínio pode ser reciclado com boa qualidade e poupar até 95% dos custos em comparação com a produção de alumínio novo, além de reduzir significativamente a poluição. No entanto, se todo o alumínio atualmente ainda deitado fora fosse recolhido, seria possível reconstruir a Força Aérea Americana quatro vezes no espaço de um ano.

Resumo das propriedades físicas

Na Tabela 1 é apresentado um resumo de algumas das propriedades físicas mais importantes das diferentes ligas de alumínio e magnésio. Estas baseiam-se nas propriedades das onze ligas de alumínio fundido sob pressão e das sete ligas de magnésio fundido sob pressão que estão disponíveis comercialmente e que foram discutidas anteriormente. No apêndice B encontram-se as propriedades das onze ligas de alumínio e no apêndice C encontram-se as propriedades das sete ligas de magnésio. A gama destes valores foi determinada e apresentada nas tabelas em anexo. A partir daí, foram determinadas as médias das ligas de alumínio e as médias das ligas de magnésio fundidas sob pressão para todas as propriedades físicas. Estes valores podem ser encontrados abaixo na Tabela 1. Estes valores médios foram novamente calculados para obter um valor para todas as ligas de alumínio e magnésio fundidas sob pressão. Estes valores podem ser encontrados na coluna mais à direita. Estes valores foram utilizados para determinar quais deveriam ser as propriedades do polímero.

	Average Al	Average Mg	Average Al/Mg
Ultimate Tensile Strength (MPa)	279.5	207.5	243.5
Yield Strength (MPa)	172.5	132.5	152.5
Elongation % in 51 mm	4.5	7.5	6
Hardness BHN	92.5	61	76.75
Shear strength (MPa)	165.5	140	152.75
Impact Strength (J)	6.5	5.85	6.175
Fatigue strength (MPa)	131	70	100.5
Young's Modulus (GPa)	76	45	60.5
Density (g/cm3)	2.735	1.785	2.26
Melting range (°C)	580	556.5	568.25
Specific heat (J/kg °C)	963	1025	994
Coefficient of thermal expansion (µm/mK)	20	25.55	22.775
Thermal conductivity W/mK	119.1	66.5	92.8
Electrical conductivity % IACS	29.5	13.3	21.4
Poisson's Ratio	0.33	0.35	0.34
Latent heat of fusion (kJ/kg)	-	373	373

Tabela 1: Médias de diferentes ligas comerciais de alumínio e magnésio

Capítulo 3. Bases do projeto

O objetivo deste trabalho é conceber um polímero que tenha resistência e durabilidade suficientes para substituir o alumínio fundido e as ligas de magnésio. O projeto indicava que o produto proposto deveria cumprir os seguintes requisitos:

- Adequado para moldagem por injeção ou um processo comparável

- As propriedades mecânicas devem ser comparáveis às das ligas de alumínio e magnésio

- A resistência não deve alterar-se no intervalo de temperatura de -40°C a 100°C

- Disponível em quantidades comerciais

Na tarefa, foi indicado que os polímeros têm muitas vantagens, entre as quais as seguintes:

- Custos globais mais baixos

- Manutenção reduzida

- Redução do ruído/vibração

- Conceção mais simples

- Menor peso

- Melhor resistência aos produtos químicos

- Ciclo de processamento mais curto (a fundição sob pressão é um processo de seis etapas, enquanto os polímeros podem ser processados em três etapas)

Foi indicado que os termoplásticos de engenharia seriam os mais adequados para a substituição, uma vez que possuem propriedades mecânicas consistentes e um excelente desempenho em termos de impacto. Além disso, a resistência à fluência e à corrosão é muito boa e a sua estrutura não é afetada a temperaturas mais elevadas. Exemplos de possíveis soluções mencionadas foram o PEEK, as poliamidas com enchimento de vidro, reticuladas ou modificadas por formulação. As abordagens mencionadas centraram-se em polímeros compostos, termoplásticos reforçados ou polímeros reticulados.

A partir da atribuição foi construída uma árvore de objectivos para o produto. Nesta árvore de objectivos, cada nível inferior indica como o nível superior pode ser alcançado e, inversamente, o nível superior ao nível atual define a razão pela qual este nível é necessário.

Esta árvore de objectivos é apresentada na Figura 3. Centra-se nos principais objectivos desta tarefa, uma vez que estes foram explicitamente indicados na tarefa, tal como referido anteriormente.

O produto a fabricar encontra-se no topo da árvore de objectivos. No nível inferior, foram anotadas as cinco exigências da tarefa. A seguir às quatro exigências da tarefa, foi acrescentada a exigência de baixo custo, uma vez que foi avaliada como sendo bastante importante para o projeto, pois foi indicada como uma das principais vantagens dos polímeros.

Algumas caraterísticas que são importantes para satisfazer as exigências indicadas no segundo nível são apresentadas no terceiro nível. Estas exigências também serão retomadas aquando da definição das caraterísticas de engenharia necessárias para o produto. Como se verá mais adiante, as caraterísticas acima mencionadas foram consideradas as mais importantes.

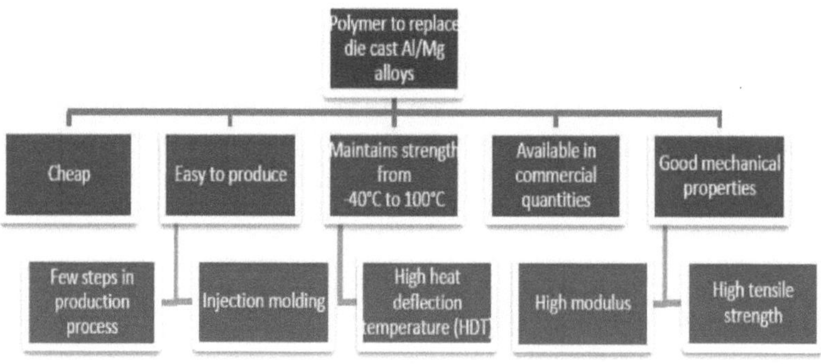

Figura 3: Árvore de objectivos para o produto

Análise do fluxo de produtos (PFA)

Uma análise do fluxo do produto (AFP) é utilizada para analisar o processo a que o produto será submetido do berço ao túmulo (ou do berço ao berço). Na tarefa, já foi indicado que o processamento do polímero através da moldagem por injeção exigiria apenas três etapas, enquanto o processamento de uma liga metálica através do processo de fundição sob pressão exigiria seis etapas. No entanto, há também o processo de produção do polímero e da liga em si que pode ser considerado. Uma vez que cada polímero é sintetizado de uma forma diferente, é difícil analisá-lo nesta altura. Para além disso, tanto os processos de produção de ligas como de polímeros são amplamente aplicados e bem conhecidos, pelo que é provável que tal não tenha um grande efeito nas diferenças de produção.

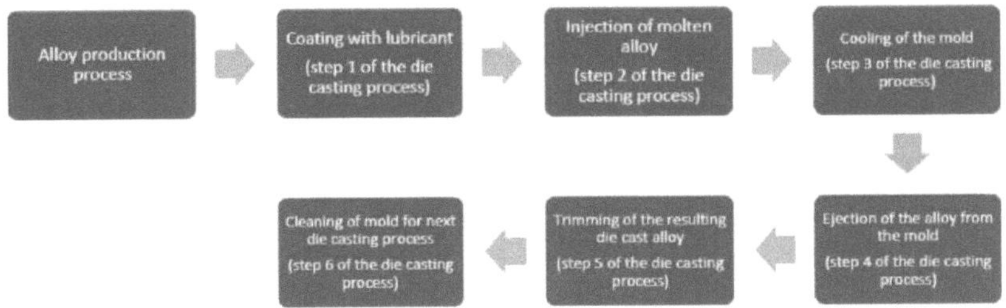

Figura 4: PFA para ligas de fundição injectada

Por conseguinte, nesta análise do fluxo do produto, as etapas do processo de produção do próprio produto não são tidas em conta e a tónica será colocada principalmente no processamento do produto moldado. Na Figura 4 é apresentado o PFA de uma liga de fundição injectada. Após a produção, restam seis etapas no processo. Na fundição sob pressão, o molde deve ser revestido com um lubrificante. Isto é feito para ajudar na ejeção da liga depois de esta ter arrefecido. Em seguida, é injectada a liga, que foi previamente fundida num forno a uma temperatura definida, que se baseia em muitos parâmetros, por exemplo, a forma e o tamanho do produto a fundir. Após a injeção, o metal pode arrefecer até atingir a sua forma final. Depois de o metal ter arrefecido o suficiente, é ejectado do molde e, em seguida, aparado, uma vez que, frequentemente, algum material de liga em excesso solidifica nos canais do molde. Finalmente, o molde é limpo para poder ser utilizado novamente.

Na Figura 5 é apresentado o PFA para um polímero que é moldado por injeção. Como esperado, este processo é muito mais simples, com apenas três passos. Após a produção do polímero, os grânulos de polímero podem ser injectados através de uma tremonha numa extrusora que alimenta o polímero no molde. Após a injeção, o polímero é deixado a arrefecer e é subsequentemente ejectado e, em seguida, o produto é acabado.

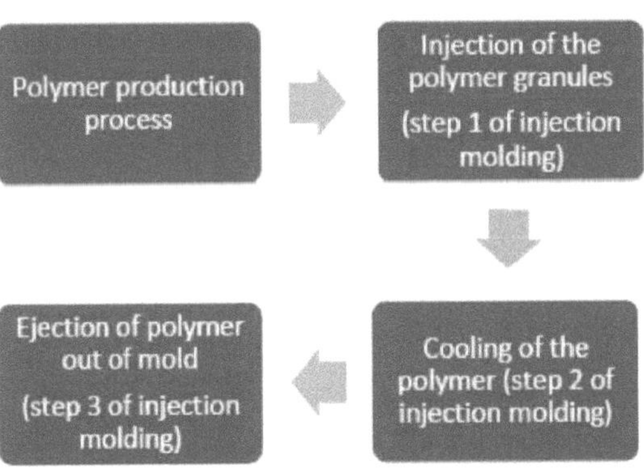

Figura 5: PFA para polímero moldado por injeção

A partir destes dois PFA, pode ver-se claramente que a substituição das ligas metálicas por polímeros tornaria o processo mais simples. Além disso, existem muitas semelhanças no método de processamento, o que torna os produtos resultantes de ambos os métodos de processamento adequados para aplicações semelhantes.

Implementação da função de qualidade

A partir das exigências discutidas anteriormente e das vantagens dos polímeros, podem ser definidas algumas propriedades que são importantes para o polímero. Estas propriedades são também designadas por caraterísticas de engenharia. Utilizando as informações do trabalho, as seguintes caraterísticas foram consideradas de grande importância:

1. Resistência à tração

2. Módulo de Young

3. Calor específico

4. Temperatura de deflexão térmica

5. Densidade

6. Custos de produção

Para além destas seis propriedades claramente definidas, outras propriedades foram também importantes, que são enumeradas a seguir. No entanto, estas propriedades ou são mais difíceis de determinar utilizando unidades específicas (números 1 a 4), ou representam exigências dos consumidores que são mais claras e mais bem comunicadas utilizando as caraterísticas acima referidas (números 5 e 6).

1. Escala de produção

2. Possibilidade de moldagem por injeção

3. Resistência à fluência

4. Resistência à corrosão

5. Resistência ao impacto

6. Coeficiente de expansão térmica

Utilizando as seis caraterísticas de engenharia apresentadas, pode ser efectuado um Desdobramento da Função Qualidade (QFD). Na Figura 6, o resultado deste processo é apresentado numa casa de qualidade. Nesta casa de qualidade, a resistência à tração e o módulo de elasticidade são muito importantes. Este facto era esperado, uma vez que a parte mais importante deste trabalho é encontrar um polímero com a mesma resistência que as ligas metálicas. Além disso, a temperatura de deflexão térmica é importante porque dá uma medida da gama de temperaturas em que o polímero pode ser utilizado. O calor específico, a densidade e os custos de produção foram considerados de menor importância. Ao avaliar as soluções possíveis, esta ordem será importante para determinar qual o polímero mais adequado.

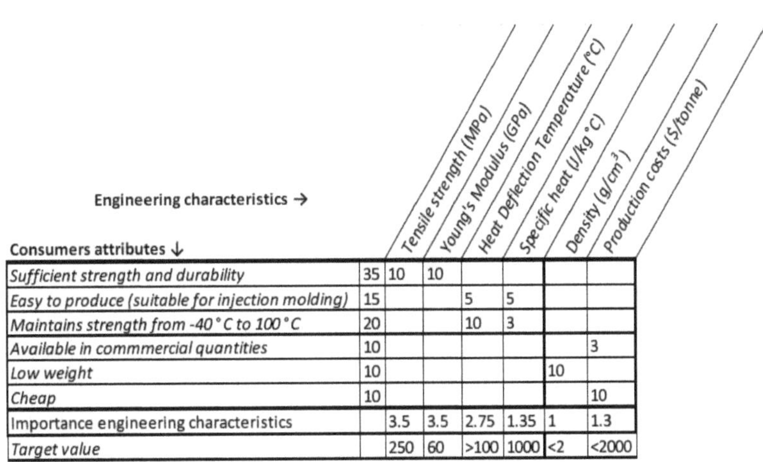

Consumers attributes ↓		Tensile strength (MPa)	Young's Modulus (GPa)	Heat Deflection Temperature (°C)	Specific heat (J/kg °C)	Density (g/cm³)	Production costs ($/tonne)
Sufficient strength and durability	35	10	10				
Easy to produce (suitable for injection molding)	15			5	5		
Maintains strength from -40 °C to 100 °C	20			10	3		
Available in commmercial quantities	10						3
Low weight	10					10	
Cheap	10						10
Importance engineering characteristics		3.5	3.5	2.75	1.35	1	1.3
Target value		250	60	>100	1000	<2	<2000

Figura 6: Casa da qualidade do novo produto

Capítulo 4. Solução

Foram pesquisados muitos polímeros diferentes para encontrar o melhor polímero de substituição de metais. No apêndice D pode encontrar-se uma visão geral de algumas das propriedades destes polímeros. Como muitos polímeros não possuem resistência suficiente na sua forma pura, foram também estudados diferentes polímeros preenchidos com fibras de vidro. As fibras de vidro aumentam a resistência de um polímero. No parágrafo seguinte, são explicadas mais pormenorizadamente.

Seis polímeros diferentes foram objeto de uma investigação mais aprofundada, uma vez que, devido à sua força ou resistência à fluência, pareciam poder ser aplicados como substitutos do metal. Estes polímeros eram o poliéter-éter-cetona (PEEK), o poli(tereftalato de etileno) (PET), a poliamida 6,6 (PA66), a poliftalamida (PPA), o polioximetileno (POM) e o sulfureto de polifenileno (PPS). Uma vez que o PPS e o POM não se revelaram muito adequados, a atenção centrou-se principalmente nos primeiros quatro polímeros. Estes polímeros serão brevemente discutidos antes de se proceder à avaliação das suas propriedades.

Fibras de vidro

As fibras de vidro são produzidas por várias empresas de fabrico e são utilizadas em várias aplicações. São utilizadas principalmente em aplicações electrónicas, aeronáuticas e automóveis.

As fibras de vidro são muito interessantes como cargas para polímeros, uma vez que possuem excelentes propriedades, tais como boa resistência, flexibilidade, rigidez e resistência química. Atualmente, as fibras de vidro são produzidas em muitas formas diferentes, tais como roving, cordões cortados, tecidos, tapetes e fios. Cada tipo de fibra de vidro tem propriedades únicas e pode ser utilizado como material de enchimento para polímeros, para fazer compósitos poliméricos.

Os materiais compósitos têm uma combinação das propriedades dos materiais utilizados para criar o compósito. Estas propriedades muitas vezes não podem ser alcançadas por um dos componentes separadamente. As fibras são frequentemente utilizadas como cargas em polímeros, mas também noutras aplicações para reforçar o material a que são adicionadas.

As propriedades mecânicas de um compósito reforçado com fibras dependem da resistência e do módulo da fibra, da estabilidade química, da resistência do polímero e do grau de ligação interfacial entre a fibra e o polímero. As fibras de vidro melhoram as propriedades do produto final e, em última análise, reduzem os custos de produção.

Os materiais compósitos têm uma vasta gama de aplicações industriais e os materiais compósitos reforçados com fibra de vidro são utilizados na indústria marítima e nas indústrias de tubagens devido à sua boa resistência ambiental, melhor tolerância aos danos causados por cargas de impacto, elevada resistência específica e rigidez. Este facto torna as fibras de vidro muito úteis como material de enchimento para melhorar a resistência de um polímero.

Poliéter éter cetona (PEEK)

O PEEK é um termoplástico de engenharia semi-cristalino que pode ser utilizado a temperaturas elevadas e que é excelente para aplicações em que as propriedades térmicas, de combustão e químicas são fundamentais para o desempenho. No entanto, este facto também o torna um polímero bastante caro. A estrutura do PEEK é mostrada na Figura 7, onde o polímero é a combinação de dois éteres e uma cetona. O polímero é normalmente fabricado a partir do sal dissódico da hidroquinona e da 4,4'-diclorobenzofenona ou 4,4'-difluorobenzofenona.

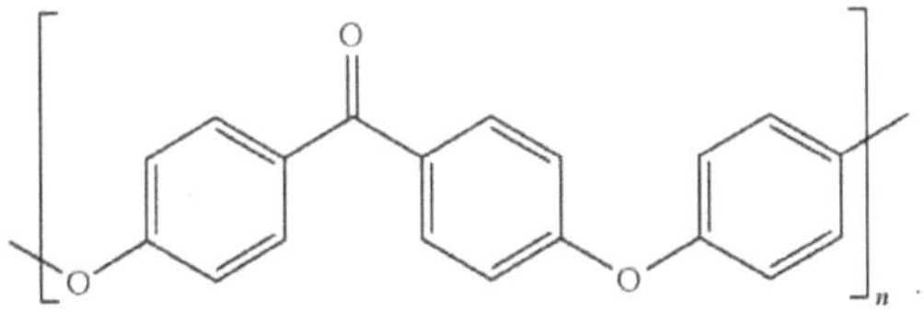

Figura 7: Estrutura do PEEK

O PEEK quase não emite fumo ou gases tóxicos quando exposto a uma chama. Este polímero é resistente, forte e rígido e tem uma óptima resistência à fluência. É também resistente à radiação e a uma vasta gama de solventes, incluindo água (a ferver). As resinas PEEK estão disponíveis sem enchimento, reforçadas com 30% de fibra de carbono, reforçadas com HPV e compósitos reforçados com 30% de fibra de vidro. As aplicações típicas incluem as indústrias automóvel, marítima, nuclear, de poços de petróleo, eletrónica, médica e aeroespacial.

Poliamida 6,6 (PA66)

A PA66 é uma poliamida e é também conhecida como nylon-66. Existem muitos tipos diferentes de nylon, e os dois mais comuns para as indústrias têxtil e de plásticos são o nylon-6 e o nylon-66. Como este polímero é amplamente utilizado, os seus custos são bastante baixos. Os nylons são produzidos a partir da reação entre uma diamina e um diácido. No caso do nylon-66, ambos os monómeros contêm 6 átomos de carbono, o que significa que os monómeros para este polímero são a hexametilenodiamina e o ácido adípico. A estrutura do PA66 é apresentada na Figura 8.

$$\left(\!-\underset{\underset{H}{\mid}}{N}-(CH_2)_6-\underset{\underset{H}{\mid}}{N}-\overset{\overset{O}{\parallel}}{C}-(CH_2)_4-\overset{\overset{O}{\parallel}}{C}-\!\right)_{\!n}$$

Figura 8: Estrutura da PA66

Os nylons são polímeros resistentes e têm elevada resistência à tração e boa resistência à fluência, boa resistência química e boa resistência ao calor. A adição de fibras ou de outros materiais de enchimento melhora as propriedades, como a resistência mecânica e a rigidez, e diminui a absorção de humidade. O PA66 é utilizado principalmente para peças de motores e máquinas, electrodomésticos como fechaduras de portas, rodas de ventoinhas e tubos.

Tereftalato de polietileno (PET)

O PET é fabricado a partir de ácido tereftálico e etilenoglicol. A estrutura do PET é apresentada na Figura 9. Trata-se de um polímero que pode ser facilmente produzido e processado, pelo que é amplamente utilizado. Por conseguinte, é também um polímero relativamente barato. O PET é utilizado principalmente em garrafas de plástico e como fibras. No entanto, também é utilizado como substituto de metais e como película de polímero.

$$\left[\!-\overset{\overset{O}{\parallel}}{C}-\!\!\left\langle\!\!\!\bigcirc\!\!\!\right\rangle\!\!-\overset{\overset{O}{\parallel}}{C}-O-(CH_2)_{\overline{2}}-O-\!\right]_{\!n}$$

Figura 9: Estrutura do PET

Poliftalamida (PPA)

A PPA é uma poliamida de alto desempenho. A sua estrutura é apresentada na Figura 10. É definido como um polímero com pelo menos 55 moles% de ácidos tereftálico (TPA) e/ou isoftálico (IPA) na espinha dorsal. O outro monómero é uma diamina. O PPA é um nylon com anéis aromáticos incorporados na espinha dorsal, que tem muitas vantagens em comparação com os nylons alifáticos. A adição de aromáticos leva a um aumento das temperaturas de transição vítrea e de fusão; resulta também numa maior resistência à fluência e reduz a absorção de solventes pelo polímero.

Isto faz da poliftalamida um polímero com um excelente desempenho a altas temperaturas e excelentes propriedades mecânicas. A PPA destina-se geralmente a colmatar a diferença de desempenho entre a PA6,6 e a PA6 e os polímeros dispendiosos de elevado desempenho, como o PEEK. Por conseguinte, o seu preço também se situa entre o preço destes polímeros.

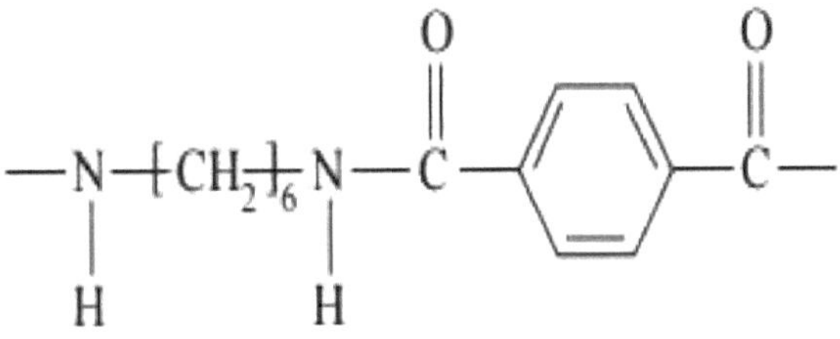

$$\mathrm{Figura\ estrutural}$$

—N—$\left[\mathrm{CH_2}\right]_6$—N—C—⟨benzeno⟩—C—

Figura 10: Estrutura da CAE

Cálculo da resistência à tração e do módulo de Young

Uma vez que a resistência dos polímeros não é muito boa, será concebido um compósito utilizando fibra de vidro como enchimento. No entanto, para determinar o efeito das fibras de vidro na resistência, é necessário conhecer o efeito das fibras de vidro nas propriedades mecânicas, como a resistência à tração e o módulo de Young. Isto pode ser calculado utilizando as fórmulas apresentadas abaixo. A fórmula para calcular o módulo de Young de um material compósito na direção longitudinal é

$$E_{cl} = E_m\left(1 - V_f\right) + E_f V_f$$

Sendo Ecl o módulo de Young do compósito, Em o módulo de Young do polímero, Ef o módulo de Young das fibras de vidro e Vf a fração volumétrica das fibras de vidro. Esta fração volumétrica pode ser determinada a partir da fração mássica utilizando a seguinte equação:

$$V_f = \frac{1}{\left(1 + \dfrac{\rho_f}{\rho_M}\left(\dfrac{1}{M_f} - 1\right)\right)}$$

Sendo pf e pm as densidades das fibras de vidro e do polímero, respetivamente, e Mf a fração mássica das fibras de vidro.

A equação para a resistência à tração de um material compósito na direção longitudinal é a seguinte

$$\sigma_{u,cl} = \sigma_f V_f + \sigma_m\left(1 - V_f\right)$$

Com σu,cl a resistência à tração do compósito, da resistência à tração das fibras de vidro e σm a resistência à tração do polímero.

Estes cálculos foram efectuados para alguns polímeros com enchimento de vidro, cujos dados relativos à resistência à tração e ao módulo de Young estavam também disponíveis na literatura. Assumiu-se que as fibras eram fibras longas. Os dados utilizados para os cálculos são apresentados no Quadro 2.

	Glass fibers	PET	PPA
Tensile strength (MPa)	3450	91	86
Young's modulus (GPa)	80	3.3	3.792
Density (g/cm³)	2.62	1.39	1.2

Tabela 2: Dados utilizados para os cálculos da resistência à tração e do módulo de Young

Os cálculos foram efectuados para PET com enchimento de 30% com fibras de vidro e para PPA com enchimento de 30% e 60%. Estas percentagens são percentagens em massa. Os resultados destes cálculos são apresentados na Tabela 3, juntamente com os valores encontrados na literatura para estes mesmos polímeros com o teor em massa indicado de fibras de vidro.

Polymer	σcalculated (MPa)	σliterature (MPa)	Ecalculated (GPa)	Eliterature (GPa)
30 GF PET	713	159	17.5	10.7
30 GF PPA	638	193	16	11.4
60 GF PPA	1456	255	35	24.1

Tabela 3: Resultados dos cálculos e comparação com os valores da literatura

A partir destes resultados, verifica-se que os valores do módulo de Young são exactos. No entanto, os valores para a resistência à tração diferem com um fator de três a cinco, o que é bastante grande.

No entanto, as equações para a resistência à tração resultam frequentemente em valores sobrestimados para a resistência à tração e seriam necessários modelos mais exactos para calcular estes valores com maior precisão. As equações assumem uma distribuição perfeita das fibras de vidro, o que pode nem sempre ser o caso, resultando numa resistência inferior.

Seleção

Utilizando os valores das propriedades obtidas para os polímeros, conforme indicado no apêndice D, pode ser efectuada uma comparação para determinar qual o polímero mais adequado para substituir as ligas metálicas. A comparação efectuada baseou-se nas caraterísticas de engenharia definidas para a casa da qualidade. Por conseguinte, também os custos de produção dos diferentes polímeros foram calculados utilizando os custos do próprio polímero e os custos das fibras de vidro, uma vez que estes não foram incluídos nas tabelas com as propriedades.

Property	Al/Mg alloys	50 GF PET	60 GF PPA	30 GF PEEK	30 GF PA66
Density (g/cm^3)	2.26	1.7	1.76	1.5	1.4
Price ($/tonne)	1800	1150	1550	~70000	1250
Young's modulus (GPa)	61	19	24.1	10	9.5
Tensile strength (MPa)	244	210	255	160	190
Heat deflection temp (HDT)	568	115	282	300	250
Specific heat (J/kg°C)	994	1000	1400	1490	1570

Tabela 4: Propriedades dos diferentes polímeros

Os valores para estas caraterísticas podem ser encontrados no Quadro 4. Além disso, os valores para as ligas são incluídos nesta tabela para maior clareza. Além disso, para cada polímero, foi escolhido para comparação o compósito com o teor de fibra de vidro mais elevado que foi encontrado na pesquisa bibliográfica. Isto porque estes polímeros têm uma resistência muito superior e foi determinado na base do projeto que estas propriedades são as mais importantes na escolha do produto final. O teor de fibra é indicado por um número seguido de GF (glass- filled). O número indica a percentagem em massa de fibras de vidro no polímero.

Outras propriedades importantes, como a fluência, a corrosão e a resistência química, serão discutidas para o polímero escolhido na próxima parte, a fim de assegurar a escolha do melhor polímero.

Como o Quadro 4 contém muitos dados, é bastante difícil obter uma visão rápida e clara das diferenças entre os polímeros. Por conseguinte, foi criada uma teia de aranha com estas propriedades. Esta teia de aranha pode ser consultada na Figura 11. É de notar que, nesta teia de aranha, os custos de produção do PEEK não foram incluídos, uma vez que são muito elevados (ver Quadro 4) e, por conseguinte, tornariam a teia de aranha muito menos clara.

As ligas de alumínio e magnésio são representadas pela cor vermelho-púrpura e é evidente na figura que estas ligas têm as melhores propriedades. A temperatura de deflexão térmica é muito mais elevada, tal como o módulo de Young. Além disso, o preço é um pouco mais elevado, tal como a densidade. Estes são mais baixos para os polímeros, o que mostra que o preço e o peso são efetivamente uma vantagem para a utilização de polímeros. No entanto, o baixo módulo de Young é uma desvantagem. O calor específico dos polímeros é mais elevado, mas a diferença não é muito grande.

COMPARAÇÃO DE QUATRO POLÍMEROS COM LIGAS DE AL/MG FUNDIDAS SOB PRESSÃO

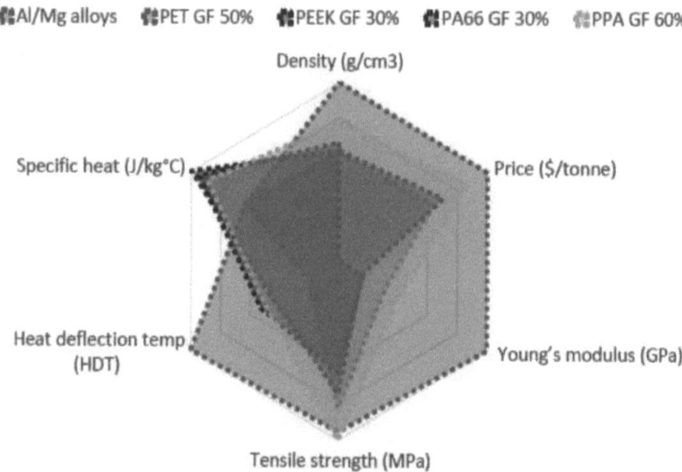

Figura 11: Teia de aranha com as propriedades dos diferentes polímeros comparados e das ligas metálicas

No entanto, é sobretudo importante comparar os polímeros entre si.

O módulo de Young, a resistência à tração e as propriedades térmicas (HDT e calor específico) do PPA são comparáveis ou melhores do que os do PA66 e do PET. O PEEK tem um melhor desempenho em todas estas propriedades do que todos os polímeros. No entanto, o PEEK é mais de 40 vezes mais caro do que os outros polímeros e, por conseguinte, só seria preferível em aplicações muito exigentes em que o desempenho dos outros polímeros fosse insuficiente. Como o preço do PPA com enchimento de vidro é apenas ligeiramente superior ao do PA66 com enchimento de vidro e do PET, o PPA parece ser o melhor polímero para substituir as ligas de alumínio e magnésio.

Poliftalamida: propriedades e produção

Resistência química

A organização que apresentou este trabalho é a "Yanfeng Automotive Interiors" e, por isso, é provável que uma das possíveis aplicações do PPA seja na indústria automóvel. Para um polímero que substitui o metal, uma elevada resistência química é muito importante, especialmente quando aplicado em peças de construção automóvel.

Em geral, o PPA semi-aromático apresenta uma excelente resistência química aos solventes orgânicos comuns, tal como outras poliamidas semi-cristalinas. No entanto, devido aos seus blocos de construção aromáticos, tem uma resistência química a uma gama ainda mais ampla de produtos químicos em comparação com outras poliamidas. É difícil prever com precisão o efeito dos produtos químicos no PPA, uma vez que devem ser considerados muitos factores, como a concentração do reagente, o tempo de exposição, a temperatura do reagente e do polímero e a tensão na peça. Para dar uma estimativa aproximada da resistência do PPA aos solventes, foi efectuado um teste de acordo com a norma ASTM D-638. As barras de tração foram imersas durante 30 dias a uma determinada temperatura. Depois disso, o desempenho do material foi classificado como excelente, aceitável ou inaceitável, dependendo da redução da resistência à tração. A definição exacta destes três termos é apresentada na Tabela 5.

Rating	Reduction in Tensile Strength (σ)
E (Excellent)	$\sigma \leq 10\%$
A (Acceptable)	$10\% \leq \sigma \leq 50\%$
U (Unacceptable)	$\sigma \geq 50\%$

Tabela 5: Classificação da resistência aos solventes com base na redução da resistência à tração

Foram testados vários solventes orgânicos, soluções aquosas, bem como fluidos para automóveis, numa resina PPA reforçada com 33% de fibra de vidro. Com base nestes testes, pode encontrar-se uma diretriz sobre o solvente na Tabela 6. Esta tabela oferece uma orientação aproximada, uma vez que a resistência depende de muitos factores diferentes. São necessários ensaios específicos para obter mais informações sobre o desempenho em condições específicas. A partir desta tabela, pode concluir-se que o PPA tem um excelente desempenho em combinação com a maioria dos solventes químicos. Além disso, foi demonstrado que o PPA 33 GF tem uma excelente resistência a vários fluidos automóveis, como anticongelante, fluido de direção assistida e fluido de transmissão automática a diferentes temperaturas.

Reagent	Rating
Aliphatic hydrocarbons	E
Aromatic hydrocarbons	E
Oils	E
Greases	E
Chlorinated hydrocarbons	E
Methylene chloride	A
CFC (Chlorofluorocarbons)	E
Ketones	E
Esters	E
Higher Alcohols	E
Methanol	A
Phenols	U
Strong acids	A
Alkalis	E

Tabela 6: Diretriz para a resistência química do 33 GF PPA para diferentes solventes

Resistência química

A fluência é uma deformação sob carga constante e é uma das propriedades mecânicas mais importantes, especialmente no caso da substituição de metais. Os materiais com uma elevada resistência à fluência mantêm as suas dimensões originais durante mais tempo do que os materiais com uma baixa resistência à fluência. A resistência à fluência está, em grande medida, relacionada com a temperatura de transição vítrea. Os materiais geralmente só têm uma boa resistência à fluência a temperaturas muito abaixo da Tg. A resistência à fluência torna-se menor à medida que a temperatura se aproxima da temperatura de transição vítrea. Como o PPA tem uma Tg relativamente alta (92 - 140 °C), tem uma resistência à fluência superior a muitos outros termoplásticos semicristalinos. De acordo com os critérios do projeto, o polímero deve manter a resistência até 100°C, pelo que um tipo de PPA com uma Tg elevada poderia cumprir os critérios de elevada resistência à fluência. Um exemplo de um PPA com uma Tg elevada - e, por conseguinte, com uma elevada resistência à fluência - é a resina Amodel® A-1000, que tem uma temperatura de transição vítrea de 123°C.

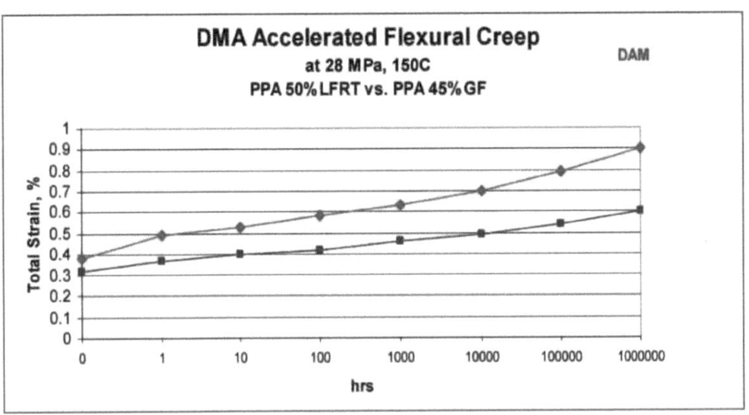

Figura 12: Resistência à deformação ao longo do tempo de dois compósitos de PPA com enchimento de vidro

Para além desta abordagem teórica, foram analisados gráficos de fluência para poder comparar mais precisamente a resistência à fluência do PPA com as ligas. A resistência à deformação é expressa como a % de deformação ao longo do tempo, que se pretende que seja tão baixa quanto possível. Na Figura 12, é apresentada a resistência à deformação de dois tipos diferentes de PPA com enchimento de vidro. A fluência é medida a 28 MPa e a 150 °C. A Figura 13 (medida a 60 MPa) e a Figura 14 (medida a 30 MPa) mostram os gráficos de fluência das ligas de magnésio. Como a Figura 13 mostra que a resistência à deformação não difere muito a diferentes temperaturas para as ligas de magnésio, assumiu-se que a Figura 14 daria resultados comparáveis a cerca de 150 °C (a temperatura a que é medida a deformação do PPA).

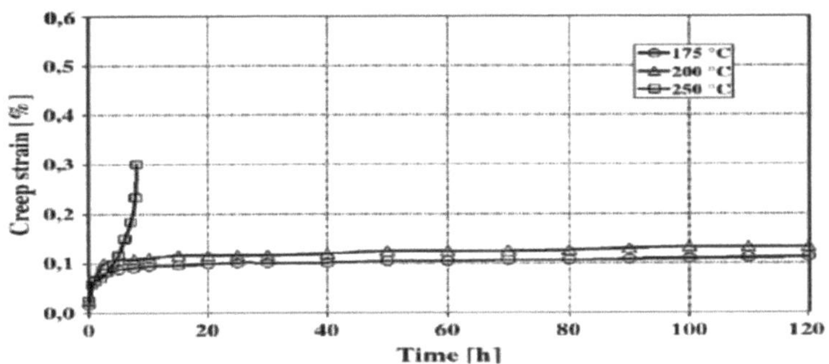

Figura 13: Gráfico da resistência à fluência das ligas de magnésio medida a 60 MPa

Ao comparar as ligas de magnésio e o PPA após cerca de 20 horas, obtém-se uma deformação por fluência de 0,1 - 0,25% para as ligas de magnésio e 0,4 - 0,55% para o PPA. Estes valores mostram que o PPA tem um desempenho relativamente bom em comparação com as ligas de magnésio, embora o valor seja um pouco mais elevado.

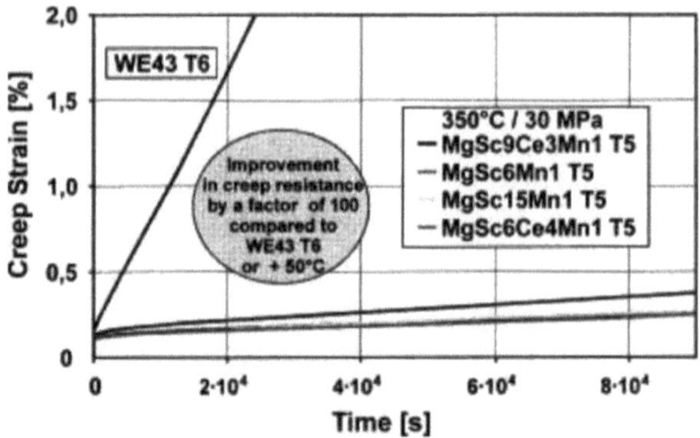

Figura 14: Gráfico da resistência à deformação das ligas de magnésio medida a 30 MPa

Desvantagens dos CAE

Embora a poliftalamida apresente uma série de boas propriedades mecânicas (por exemplo, resistência, rigidez, fadiga, resistência à fluência) numa vasta gama de temperaturas, também tem algumas desvantagens: a resistência ao impacto e o alongamento do PPA são relativamente baixos. Uma solução possível para aumentar a resistência ao impacto seria a adição de borracha ao compósito. No entanto, esta solução não foi objeto de um estudo mais aprofundado no presente relatório.

Outra pequena desvantagem é o facto de o ponto de fusão do PPA ser relativamente elevado (superior a 290°C), o que torna o processo de extrusão e moldagem por injeção mais difícil em comparação com outros polímeros semi-cristalinos.

Processo de síntese

Atualmente, estão disponíveis diferentes tipos de PPA, uma vez que o polímero é definido apenas pela presença dos monómeros TPA/IPA e de um monómero de diamina. Estão disponíveis comercialmente três copolímeros diferentes de PPA: PA 6T/66, PA6T/"DT" e PA6T/6I (24). Estes são copolímeros dos diácidos ácido adípico, TPA e IPA, que são apresentados nas figuras 15, 16 e 17, respetivamente, juntamente com diferentes diaminas (24). É de salientar que estes polímeros são completamente recicláveis.

Figura 15: Ácido adípico Figura 16: Ácido tereftálico (TPA) Figura 17: Ácido isoftálico (IPA)

Geralmente, as poliamidas são obtidas pela policondensação de diácidos e diaminas. À escala industrial, o processo de polimerização é realizado num reator de autoclave. A temperatura e a pressão são aumentadas aquando da mistura. A pressão é controlada para ser elevada, de modo a manter uma fase homogénea com a quantidade mínima de água. Finalmente, quando a temperatura desejada é atingida, a pressão é reduzida e a polimerização ocorre.

Moldagem por injeção

Uma grande vantagem do processo de produção de termoplásticos de engenharia em comparação com os metais é o seu ciclo de processamento mais curto. A fundição de metais e a construção de chapas metálicas consistem num processo de seis passos, enquanto os termoplásticos podem ser transformados de grânulos em peças acabadas em apenas três passos, tal como já foi discutido na base do design.

O PPA é adequado para moldagem por injeção. As resinas PPA devem ser secas antes da moldagem, uma vez que a humidade excessiva resultará em propriedades mecânicas reduzidas. Se as resinas estiverem extremamente húmidas, o resultado será um extrudado espumoso sem secagem. O nível de humidade pretendido é de 0,03-0,06%. A condição de secagem preferida é de 4 horas de secagem a uma temperatura entre 110 - 120 °C.

As resinas PPA podem ser processadas nas máquinas de moldagem por injeção mais comuns. Dependendo da composição química específica da resina PPA, a temperatura alvo de fusão situa-se entre 320 e 345°C.

O PPA é um polímero semi-cristalino, pelo que a temperatura do molde é um fator importante na determinação do grau de cristalinidade. O grau de cristalinidade influencia muitos parâmetros, incluindo a resistência à fluência, a resistência à fadiga, a resistência ao desgaste e a estabilidade dimensional a temperaturas elevadas. Um elevado grau de cristalinidade resulta num material mais duro e termicamente mais estável, mas também mais frágil. Os cristais só se podem formar se a temperatura do molde for superior à Tg e inferior à Tm do polímero. A temperatura do molde necessária para o PPA é superior a 135 °C, que é superior à Tg da maioria dos PPAs. Esta é a temperatura mínima do molde para PPA sem enchimento e com enchimento de vidro. Desta forma, a quantidade máxima de cristalinidade pode ser alcançada durante a moldagem por injeção. No Quadro 7 é apresentada uma visão geral das condições necessárias para o processo de moldagem por injeção.

Property	Value
Drying temperature (°C)	110-120
Target melt temperature (°C)	320 – 345
Mold temperature (°C)	>135
Injection speed	Moderate to high
Fill time (s)	1-4
Injection pressure (bar)	600 - 1500

Tabela 7: Dados médios das condições de moldagem do PPA

Cálculos de substituição de metais

Este parágrafo apresenta alguns cálculos a utilizar na substituição de um metal por um plástico de engenharia. A Figura 18 apresenta um exemplo de uma substituição deste tipo. A amostra é constituída por uma peça com duas extremidades fixas com uma carga uniformemente distribuída. Os cálculos são efectuados para calcular a espessura necessária se a amostra de metal for substituída por uma amostra de polímero, mantendo a mesma deflexão.

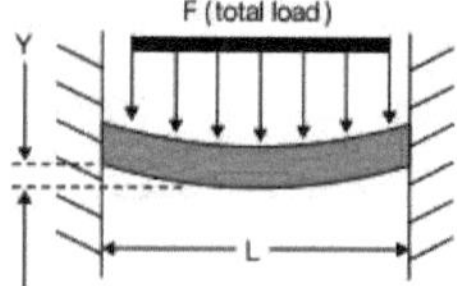

Figura 18: Amostra com ambas as extremidades fixas e uma carga uniformemente distribuída

A deflexão da amostra é descrita por:

$$Y = \frac{FL^3}{384\,EI} \ (at\ center)$$

Em que:

F = carga sobre a amostra

L = comprimento da amostra

E = Módulo de Young

I = momento de inércia

Y = deflexão

Para que a rigidez do metal (m) e do plástico (p) seja igual, as deflexões são equacionadas da seguinte forma:

$$Y = \left[\frac{FL^3}{384\,EI}\right]_m = \left[\frac{FL^3}{384\,EI}\right]_p$$

O comprimento da amostra e a força que actua sobre a amostra permanecem os mesmos, pelo que a equação se torna:

$$[EI]_m = [EI]_p$$

Os módulos do metal e do plástico são dados e podem ser determinados por análise mecânica, pelo que o momento de inércia (I) do plástico tem de ser ajustado.

$$I_p = \frac{E_m}{E_p}\,I_m$$

O momento de inércia para secções rectangulares é dado por:

$$I = \frac{bd^3}{12}$$

Sendo que b é a largura da amostra e d é a espessura. Se a largura da amostra permanecer constante, a espessura muda para ajustar o momento de inércia. Substituindo a equação da inércia na equação da deflexão, obtém-se a seguinte fórmula para a espessura do metal que substitui o plástico:

$$d_p = \sqrt[3]{\frac{E_m}{E_p}}\,d_m$$

Se, por exemplo, uma liga de magnésio com um módulo de Young de 45 GPa for substituída por 60 GF PPA com um módulo de Young de 24 GPa, o rácio de espessura é o seguinte

$$d_{ppa\,60GF} = 1.233\,d_m$$

Para adicionar uma margem de segurança, a PPA que substitui a liga de magnésio deve ser cerca de 1,5 vezes mais espessa do que a placa de metal original. Tendo em conta que a PPA é muito mais leve do que estes metais, este é ainda um valor aceitável.

Capítulo 5. Mercado

O preço médio estimado para uma tonelada de PPA com 60% de fibra de vidro é de 1550 dólares.

Prevê-se que o mercado global de PPA cresça a um ritmo constante e registe uma taxa de crescimento anual composta (CAGR) de mais de 7% durante o período de previsão. O crescimento das principais indústrias de utilizadores finais, como a automóvel, a eléctrica e eletrónica, a de fios e cabos e a de cuidados pessoais, irá impulsionar as perspectivas de crescimento do mercado global de PPA nos próximos anos. Um dos principais factores responsáveis pelo crescimento do mercado é o aumento da produção na China, Índia e México. Além disso, a crescente atenção dos clientes a várias preocupações ambientais e de segurança está a impulsionar a procura do produto no sector automóvel. Além disso, o PPA é cada vez mais utilizado na indústria automóvel para várias aplicações, tais como conectores de linhas de combustível, válvulas de corte de combustível, anéis de desgaste de bombas, refrigeradores de ar, faróis LED, peças de bobinas de motores, linhas de combustível e de refrigeração, módulos de combustível de colectores de aquecedores de água, caixas de termóstatos e bombas de refrigeração.

Prevê-se que as propriedades de alta deflexão e de alta temperatura de transição da poliftalamida (PPA) aumentem a sua utilização na produção de peças de carroçaria para automóveis, o que, por sua vez, impulsiona o crescimento global do mercado a nível mundial. Os regulamentos governamentais para diminuir as emissões dos automóveis levaram os fabricantes a tomar medidas para aumentar a economia global de combustível dos veículos.

A poliftalamida, devido à sua boa resistência, tem vindo a aumentar o tempo de vida útil dos componentes, juntamente com a redução do peso, o que conduz a uma maior eficiência do combustível. No entanto, devido aos seus custos de produção mais elevados, o PPA com material de enchimento está a ser largamente utilizado em aplicações de topo de gama, estando ainda por utilizar em grande escala em aplicações mais comuns.

Prevê-se que os compósitos de PPA preenchidos com fibra de vidro representem 72,9% da quota de valor no mercado global de poliftalamida até 2021, aumentando a um CAGR de 5,7% durante este período. As resinas PPA reforçadas com fibra de vidro apresentam boa resistência e rigidez, têm boa resistência ao calor numa vasta gama de temperaturas, boas propriedades químicas e eléctricas e baixa absorção de humidade. Isto torna-as muito interessantes para muitas grandes empresas. A Figura 19 mostra como a utilização de PPA está distribuída por diferentes sectores.

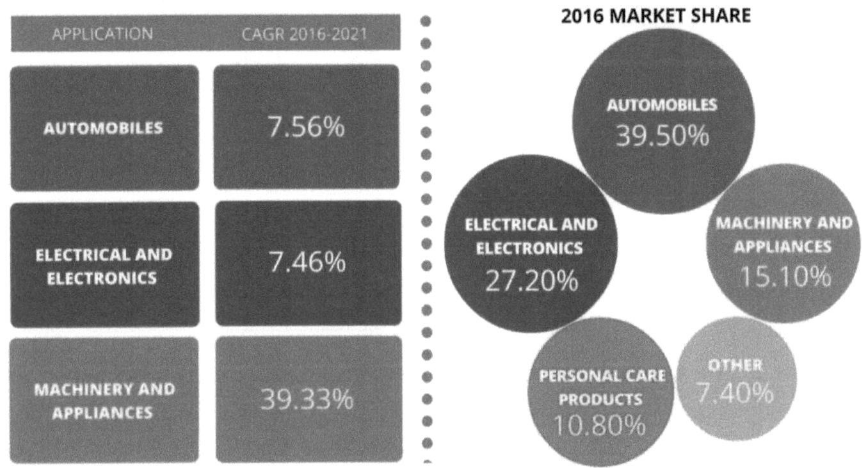

Figura 19: Sectores em que a CAE é utilizada

Entre as indústrias de uso final, o segmento automotivo e de transporte dominou o mercado global de poliftalamida em 2015 e prevê-se que o segmento represente 48,3% da participação no valor de mercado até o final de 2024. Espera-se que a procura crescente de resinas PPA para produzir peças automóveis, tais como sistemas de indução de ar, sistemas de arrefecimento e aquecimento, mangueiras de ar de carga, ressonadores, etc., alimente o crescimento do mercado global de poliftalamida.

O consumo de poliftalamida no segmento automóvel e dos transportes está estimado em 74 quilotoneladas no final de 2016. O crescimento do segmento é largamente atribuído à sua crescente utilização para reduzir o peso dos veículos, aumentando assim a sua eficiência de combustível.

De uma perspetiva regional, estima-se que a Europa represente 31,8% das quotas de valor no mercado global de poliftalamida até o final de 2016, e espera-se que o mercado aumente a um CAGR de valor de 5,5% durante o período de previsão. A receita de vendas de poliftalamida na América do Norte deve atingir US $ 456,2 milhões até o final de 2024, aumentando a um CAGR de 4,6% durante o período de previsão. O crescimento do mercado na região da Ásia-Pacífico deverá manter-se elevado em comparação com a média global entre 2016 e 2024.

Alguns dos principais intervenientes no mercado global das poliftalamidas incluem a Solvay S.A., a Evonik Industries, a BASF SE, o Arkema Group, a EMS-CHEMIE HOLDING AG, a E. I. du Pont de Nemours and Company, a SABIC, a Nagase America Corporation, a PlastiComp Inc. e a Techmer Engineered Solutions, LLC.

Conclusão

Foram comparados compósitos preenchidos com vidro de vários polímeros (PEEK, PA66, PET e PPA) com boas propriedades mecânicas para encontrar um polímero adequado para substituir as ligas de magnésio ou alumínio fundidas sob pressão. As propriedades que foram principalmente consideradas foram o módulo de Young, a resistência à tração, a temperatura de deflexão térmica, a densidade, os custos, a resistência à fluência e a resistência química. Além disso, o polímero deve ser processado por moldagem por injeção.

O PEEK tem a melhor resistência e pode ser utilizado na maior gama de temperaturas, mas é mais de 40 vezes mais caro do que os outros polímeros e, por conseguinte, só seria preferível em aplicações muito exigentes em que o desempenho dos outros polímeros fosse insuficiente. Em comparação com o PA66 e o PET, o PPA teve um desempenho melhor ou comparável em todas as propriedades acima referidas. Além disso, as suas propriedades não foram muito inferiores às do PEEK. O PPA com enchimento de vidro tem um bom desempenho dentro da gama de temperaturas que é dada como critério no projeto. Além disso, a resistência à tração é próxima da das ligas e a sua densidade e custos são significativamente inferiores. Devido à sua aromaticidade e à sua elevada Tg, o PPA apresenta também uma excelente resistência à fluência e uma elevada resistência química à maioria dos solventes. Finalmente, o PPA pode ser utilizado no processo de moldagem por injeção e pode ser reciclado.

As desvantagens do PPA são a baixa resistência ao impacto e o módulo de Young e uma temperatura de fusão relativamente elevada, o que significa que são necessárias temperaturas mais elevadas para a moldagem por injeção.

O mercado de PPA está a crescer rapidamente e o polímero está a ser aplicado em cada vez mais aplicações diferentes. Este facto demonstra que o PPA é um polímero com bom desempenho. Além disso, o preço do PPA com enchimento de vidro não é muito mais elevado do que o dos polímeros a granel aos quais são adicionadas fibras de vidro.

Assim, considerando as propriedades mecânicas e térmicas, bem como o preço de mercado, o PPA parece ser um polímero promissor para a substituição de ligas de alumínio e magnésio fundidas sob pressão.

Referências

1. **Mordor Intelligence.** *Mercado de fundição injectada - Crescimento, tendências e previsões (20172022).* s.l.: Mordor Intelligence, 2017.

2. **Associação Norte-Americana de Fundição Injetada.** *Normas de especificação de produtos para peças fundidas sob pressão.* Arlington Heights, Illinois: Associação Norte-Americana de Fundição Injetada, 2015.

3. Produção de moldes, ferramentas de fundição injectada - Produtos. *Soluções de ferramentas de precisão Ramko Manufacturing Inc.* [Em linha] [Citado: 20 de abril de 2017.] http://www.ramko.com/products/products.html.

4. Fundição de alumínio sob pressão a vácuo, fundição de alumínio sob pressão. *Fundição sob pressão de alumínio ALUminium.* [Online] [Citado: 20 de abril de 2017.] http://www.aludiecasting.com/vacuum-aluminum-die- casting-China-52.htm.

5. **Andrews, K.** Projectos - NineSights. *Polímeros de substituição de metais.* s.l. : Yantog Automotive Interiors, 2017.

6. Fundição injectada. *Custompart.net.* [Em linha] [Citado: 21 de abril de 2017.] http://www. custompartnet.com/wu/die-casting.

7. Moldagem por Injeção. *Federação Britânica de Plásticos.* [Em linha] [Citado: 21 de abril de 2017].

8. **Smallman, R.E. e Bishop, R.J.** *Modern Physical Metallurgy and Materials Engineering.* Oxford: Butterworth-Heinemann, 1999.

9. **Erhard, G.** *Projetar com plásticos.* Munique: Hanser publishers, 2006.

10. **Mayer, R.M.** *Design with Reinforced Plastics: Um Guia para Engenheiros e Projectistas.* Londres: Springer Science & Business, 2012.

11. **Gupta, V.B. e Kothari, V.K.** *Manufactured fibre technology.* Londres: Chapman and Hall, 1997.

12. **van der Vegt, A. K. e Govaert, L. E.** *Polymeren: Van keten tot kunststof.* Delft : Imprensa Académica de Delft, 2005.

13. Poli(éter éter cetona). *Base de dados de polímeros.* [Em linha] [Citado: 20 de abril de 2017.] http://polymerdatabase.com/polymers/polyetheretherketone.html.

14. **Kar, K. K. e Pramanik, S.** *Nanocompósitos de hidroxiapatite poli (tom éter-éter) e método de fabrico dos mesmos.* US 20120107612A1 Estados Unidos, 3 de maio de 2012.

15. Polieteretercetona (PEEK). *MakeItFrom.com.* [Em linha] [Citado: 19 de abril de 2017.]

http://www.makeitfrom.com/material-properties/Polyetheretherketone-PEEK.

16. PEEK (Poliarilete-retercetona). *Federação Britânica de Plásticos.* [Em linha] [Citado: 19 de abril de 2017.] http://www.bpf.co.uk/plastipedia/polymers/PEEK.aspx.

17. **Mark, J.E.** *Polymer Data Handbook.* Oxford : Oxford University Press, Inc., 1999.

18. **Glasscock, D., et al., et al.** *High Performance Polyamides Fulfill Demanding Requirements for Automotive Thermal Management Components.* s.l. : DuPont Engineering Polymers.

19. **Solvay.** *Guia de design do Amodel PPA.* Bollate: Solvay Specialty Polymers, 2014.

20. **Thomas, S. e Visakh, P.M.** *Handbook of engineering and specialty thermoplastics, volume 4, nylons.* Hoboken : John Wiley & Sons, 2011.

21. *Os plásticos super estruturais continuam a alargar a fronteira da substituição do metal.* **DuPont.** 2006.

22. *Estabilidade microestrutural e propriedades de fluência da liga de magnésio Mg 4Al 4RE fundida sob pressão.* **Rzychon, T., et al., et al.** 10, s.l. : Materials Characterization, 2009, Vol. 60, p. 1107.

23. *O magnésio: Propriedades - aplicações - potencial.* **Mordike, B.L. e Ebert, T.** 1, s.l. : Materials Science and Engineering: A, 2001, Vol. 302, pp. 37-45.

24. **Kemmish, David J.** Semi-aromatic polyamides (Polyphthalamides). *Guia prático para plásticos de engenharia de alto desempenho.* 2011.

25. Poliftalamida (PPA). *PlasticsEurope.* [Em linha] [Citado: 20 de abril de 2017.] http://www.plasticseurope.org/what-is-plastic/types-of-plastics-11148/engineering-plastics/ppa.aspx.

26. **Solvay.** *Guia rápido para moldagem por injeção Poliftalamida Amodel® (PPA) .*

27. A importância da temperatura do molde e da fusão. *PT online.* [Online] [Citado: 4 20, 2017.]http://www.ptonline.com/columns/the-importance-of-melt-mold-temperature.

28. Lista de preços em tempo real. *Plasticker.* [Em linha] [Consultado em: 4 de abril de 2017.] http://plasticker.de/preise/pms en.php?show=ok&make=ok&aog=A&kat=M ahlgut.

29. Fibra de vidro/Fibra. *NetComposites.* [Em linha] [Citado: 4 de abril de 2017.] http://netcomposites.com/guide-tools/guide/reinforcements/glass- fibrefiber/.

30. PPA. *Pesquisa de mercado.* [Online] www.marketresearch.com.

31. Handbook of engineering and specialty thermoplastics. Nylons Vol 4. [Sabu Thomas e Visakh P.M. s.l. : Wiley, 2012.

Apêndice

Al	Aluminum
Mg	Magnesium
QFD	Quality Function Deployment
PFA	
PEEK	Product flow & function analysis
PET	Polyether ether ketone
PA66	Polyethylene terephthalate
PPA	Poly-amide 6,6
POM	Polyphthalamide
PPS	Polyoxymethylene
	Polyphenylene sulfide
GF	Glass filled
CAGR	Compound Annual Growth Rate
Tg	Glass transition temperature
Tm	Melting temperature
GF	Glass-filled

	360	A360	380	A380	383	384	B390	13	A13	43	218	Summary
Al %	85.05-86.25	85.75-86.95	79.35-82.35	80.05-83.05	79.65-82.65	77.25-80.25	72.55-75.75	82.15-84.15	82.85-84.85	89.55-91.05	89.05-90.05	72.55-91.05
Ir %	2.0	1.3	2.0	1.3	1.3	1.3	1.3	2.0	1.3	2.0	1.8	1.3-2.0
Si %	9.0-10.0	9.0-10.0	7.5-9.5	7.5-9.5	9.5-11.5	10.5-12.0	16.0-18.0	11.0-13.0	11.0-13.0	4.5-6.0	0.35	0.35-18.0
Cu %	0.6	0.6	3.0-4.0	3.0-4.0	2.0-3.0	3.0-4.5	4.0-5.0	1.0	1.0	0.6	0.25	0.25-5.0
Mg %	0.4-0.6	0.4-0.6	0.3	0.3	0.1	0.1	0.45-0.65	0.10	0.10	0.10	7.5-8.5	0.1-8.5
Mn %	0.35	0.35	0.50	0.50	0.50	0.50	0.50	0.35	0.35	0.35	0.35	0.35-0.50
Zn %	0.50	0.50	3.0	3.0	3.0	3.0	1.5	0.50	0.50	0.50	0.15	0.15-3.0
Other %	0.90	0.90	1.35	1.35	0.95	1.35	0.50	0.90	0.90	0.90	0.55	0.50-1.35
Ultimate Tensile Strength (MPa)	303	317	317	324	310	331	317	296	290	228	310	228-331
Yield Strength (MPa)	172	165	159	159	152	165	248	145	131	97	193	97-248
Elongation % in 51 mm	2.5	3.5	3.5	3.5	3.5	2.5	<1	2.5	3.5	9.0	5.0	<1-9.0
Hardness BHN	75	75	80	80	75	85	120	80	80	65	80	65-120
Shear strength (MPa)	193	179	193	186	-	200	-	172	172	131	200	131-200
Impact Strength (J)	-	-	4	-	4	-	-	-	-	-	9	4-9
Fatigue strength (MPa)	138	124	138	138	145	138	138	131	131	117	138	117-145
Young's Modulus (GPa)	71	71	71	71	71	-	81	71	-	71	-	71-81
Density (g/cm3)	2.63	2.63	2.74	2.71	2.74	2.82	2.71	2.66	2.66	2.9	2.57	2.57-2.9
Melting range (°C)	557-596	557-596	540-595	540-595	516-582	516-582	510-650	574-582	574-582	574-632	535-621	510-650
Specific heat (J/kg °C)	963	963	963	963	963	-	-	963	963	963	-	963
Coefficient of thermal expansion (µm/mK)	21.0	21.0	22.0	21.8	21.1	21.0	18.0	20.4	21.6	22.0	24.1	18.0-22.0
Thermal conductivity W/mK	113	113	96.2	96.2	96.2	96.2	134	121	121	142	96.2	96.2-142
Electrical conductivity % IACS	30	29	27	23	23	22	27	31	31	37	24	22-37
Poisson's Ratio	0.33	0.33	0.33	0.33	0.33	-	-	-	-	0.33	-	0.33

Com base em informações da North American Die Casting Association

35

	AZ91D	AZ81	AM60B	AM50A	AM20	AE42	AS41B	Summary
Mg %	88.6-91.2	90.3-92.5	92.5-94.2	93.6-95.3	97.1-97.8	91.1-94.4	92.6-95.6	88.6-97.8
Al %	8.3-9.7	7.0-8.5	5.5-6.5	4.4-5.4	1.7-2.2	3.4-4.6	3.5-5.0	1.7-9.7
Zn %	0.35-1.0	0.3-1.0	0-0.22	0-0.22	0-0.1	0-0.22	0-0.12	0-1.0
Mn %	0.15-0.50	0.17 or more	0.24-0.6	0.26-0.6	0.5 or more	0.25	0.35-0.7	0.15-0.7
Si %	0-0.10	0-0.05	0-0.10	0-0.10	0-0.10	-	0.5-1.5	0-1.5
Other % (Fe, Cu, Ni, RE, etc)	0.02-0.06	0.01-0.03	0.02-0.04	0.02-0.04	0.01-0.02	2.0-3.8	0.02-0.05	0.01-3.8
Ultimate Tensile Strength (MPa)	230	220	220	220	220	185	225	185-230
Yield Strength (MPa)	160	150	130	120	105	140	140	105-160
Elongation % in 51 mm	3	3	6-8	6-10	8-12	8-10	6	3-12
Hardness BHN	75	72	62	57	47	57	75	47-75
Shear strength (MPa)	140	140	N/A	N/A	N/A	N/A	N/A	140
Impact Strength (J)	2.2	N/A	6.1	9.5	N/A	5.8	4.1	2.2-9.5
Fatigue strength (MPa)	70	70	70	70	70	N/A	N/A	70
Young's Modulus (GPa)	45	45	45	45	45	45	45	45
Density (g/cm3)	1.81	1.80	1.80	1.78	1.76	1.78	1.78	1.76-1.81
Melting range (°C)	470-595	490-610	540-615	543-620	618-643	565-620	565-620	470-643
Specific heat (J/kg °C)	1050	1050	1050	1050	1000	1000	1000	1000-1050
Coefficient of thermal expansion (μm/mK)	25.0	25.0	25.6	26.0	26.0	26.1	26.1	25.0-26.1
Thermal conductivity W/mK	72	51	62	62	60	68	68	61-72
Electrical conductivity % IACS	14.1	13.0	12.5	12.5	N/A	N/A	N/A	12.5-14.1
Poisson's Ratio	0.35	0.35	0.35	0.35	0.35	0.35	0.35	0.35
Latent heat of fusion (kJ/kg)	373	373	373	373	373	373	373	373

	PA66	30 GF PA66	PEEK	20 GF PEEK	30 GF PEEK
Ultimate Tensile Strength (MPa)	86	190	97	120	160
Elongation at break (%)	46	3.3	43	2.5	2.1
Hardness BHN	-	-	-	-	-
Shear strength (MPa)	-	-	50	-	100
Impact Strength (J/m)	53	110	120	85	100
Fatigue strength (MPa)	-	-	-	-	-
Young's Modulus (GPa)	3.3	9.5	4		10
Density (g/cm3)	1.1	1.4	1.3	1.4	1.5
Specific heat (J/kg °C)	1570	-	1700	1390	1490
Coefficient of thermal expansion (µm/mK)	81	29	52	-	21
Thermal conductivity W/mK	0.24	-	0.25	-	0.43
Glass transition temperature (°C)	50	50	240	240	240
Melting onset (°C)	260	260	340	340	340

	PET	30 GF PET	50 GF PET	POM	30 GF POM
Ultimate Tensile Strength (MPa)	55-75	159	210	61	110
Elongation at break (%)	60-165	2.7	2	-	3
Hardness BHN	94-101	-	-	-	-
Shear strength (MPa)	-	-	-	-	-
Impact Strength (J/m)	13-35	101	-	69	68
Fatigue strength (MPa)	-	40.7	-	23	-
Young's Modulus (GPa)	2.8-3.1	10.7	19	2.8	9.7
Density (g/cm3)	1.38	1.49	1.78	1.4	1.6
Specific heat (J/kg °C)	1000	-	-	1370	1130
Coefficient of thermal expansion (µm/mK)	59.4	40	35	-	-
Thermal conductivity W/mK	0.15-0.24	0.28	-	0.23	-
Glass transition temperature (°C)	67-81	-	-	-	-
Melting onset (°C)	>250	260	255	-	-

	PPA	30 GF PPA	60 GF PPA	PPS	30 GF PPS	60 GF PPS
Ultimate Tensile Strength (MPa)	86	193	255	93.1	169	138
Elongation at break (%)	3	1.5-3.0	1.0-2.0	0.15	-	-
Hardness BHN	125	-	125	95	-	-
Shear strength (MPa)	-	-	-	62.1	-	-
Impact Strength (J/m)	16	80	133	32	85	91
Fatigue strength (MPa)	-	-	-	-	-	-
Young's Modulus (GPa)	3.792	11.377	24.132	3.45	13.1	25.512
Density (g/cm3)	1.1	-	-	-	-	-
Specific heat (J/kg °C)	-	-	-	-	-	-
Coefficient of thermal expansion (µm/mK)	5.4E-5/K	-	-	50.4	-	-
Thermal conductivity W/mK	-	-	-	0.288	-	-
Glass transition temperature (°C)	124-140	-	-	-	-	-
Melting onset (°C)	302-329	302-329	302-329	282	307-329	-

Neste relatório, foi efectuada uma investigação para encontrar um polímero adequado para substituir as ligas de alumínio e magnésio fundidas sob pressão. Como estas ligas têm uma resistência e durabilidade muito boas, é importante que a resistência à tração e o módulo de Young deste polímero sejam semelhantes aos das ligas metálicas. Para além disso, o polímero deve manter esta resistência no intervalo de temperatura de -40°C a 100°C. Além disso, a baixa densidade, os baixos custos e a fácil produção são importantes na seleção de um polímero. As propriedades de seis polímeros foram comparadas com as propriedades médias de onze ligas de alumínio e sete ligas de magnésio para encontrar um substituto adequado. Os compósitos com enchimento de vidro dos quatro polímeros mais adequados, poliéter-éter-cetona (PEEK), politereftalato de etileno (PET), poliamida 6,6 (PA66) e poliftalamida (PPA), foram comparados e concluiu-se que o PPA com enchimento de vidro a 60% (60 GF) apresentava a melhor combinação de boas propriedades e baixos custos.

A resistência química e à fluência foi considerada mais do que suficiente para este polímero e o processamento deste polímero é possível utilizando a moldagem por injeção. No entanto, a resistência ao impacto e o módulo de Young são bastante baixos e a temperatura de fusão é bastante elevada, o que torna o processamento um pouco mais difícil.

O mercado de PPA foi estudado e foi demonstrado que o mercado é significativo e continua a crescer, tornando-o um polímero muito promissor. Além disso, os custos deste polímero não são muito elevados. Em conclusão, o PPA é um polímero muito promissor para a substituição de ligas de alumínio e magnésio fundidas sob pressão.

Printed by Books on Demand GmbH, Norderstedt / Germany